Roland Engelhart

Essay über die Gründung und Geschichte von Wilhelms-dorf bei Ravensburg

GRIN Verlag

Bibliografische Information der Deutschen Nationalbibliothek:

Die Deutsche Bibliothek verzeichnet diese Publikation in der Deutschen National-
bibliografie; detaillierte bibliografische Daten sind im Internet über http://dnb.d-
nb.de/ abrufbar.

Impressum:

Copyright © 1991 GRIN Verlag GmbH
Druck und Bindung: Books on Demand GmbH, Norderstedt Germany
ISBN: 978-3-640-51757-2

Dieses Buch bei GRIN:

http://www.grin.com/de/e-book/132481/essay-ueber-die-gruendung-und-
geschichte-von-wilhelmsdorf-bei-ravensburg

GRIN - Your knowledge has value

Der GRIN Verlag publiziert seit 1998 wissenschaftliche Arbeiten von Studenten, Hochschullehrern und anderen Akademikern als eBook und gedrucktes Buch. Die Verlagswebsite www.grin.com ist die ideale Plattform zur Veröffentlichung von Hausarbeiten, Abschlussarbeiten, wissenschaftlichen Aufsätzen, Dissertationen und Fachbüchern.

Besuchen Sie uns im Internet:

http://www.grin.com/

http://www.facebook.com/grincom

http://www.twitter.com/grin_com

Roland Engelhart

Gründung und Geschichte von Wilhelmsdorf (bei Ravensburg)

Inhaltsverzeichnis

1.   Die Lage von Wilhelmsdorf   3

2.   Die Korntaler Brüdergemeinde als Vorbild   3

3.   Urbarmachung von Land als Hintergrund für die Entstehung von
        Wilhelmsdorf 4

4.   Die Gründung von Wilhelmsdorf   4

5.   Verschiedene Anfangsschwierigkeiten   6

6.   Die Entstehung zahlreicher sozial-karitativer Einrichtungen   7

7.   Wilhelmsdorf nach der Gemeindereform   8

8.   Literaturhinweise   9

1.   Die Lage von Wilhelmsdorf

Die junge Gemeinde Wilhelmsdorf liegt auf einem Moränehügel im Pfrungener Ried, etwa 20 Kilometer nordwestlich von Ravensburg und bildet die Wasserscheide zwischen Rhein und Donau.

2.   Die Korntaler Brüdergemeinde als Vorbild

Zu Beginn des 19. Jahrhunderts gab es in Württemberg aus wirtschaftlichen, aber auch religiösen Gründen eine starke Auswanderungsbewegung. Denn in jener Zeit setzte sich in der protestantischen Kirche der Rationalismus durch und eine neue Liturgie wurde eingeführt. Beides wurde von den Pietisten abgelehnt, die aber ansonsten weitgehend die lutherische Lehre vertraten. Um der Auswanderung aus religiösen Motiven entgegenzuwirken, unterbreitete Wilhelm Hoffmann, überzeugter Pietist und königlicher Notar im Oberamt Leonberg, dem König Wilhelm I., der nicht nur Landesherr, sondern zugleich auch Landesbischof war, den Vorschlag, im eigenen Land eine Kolonie mit religiöser Freiheit gründen zu dürfen. Der König genehmigte dies. So wurde dann 1819 von Hoffmann das Rittergut Korntal in der Nähe von Leonberg angekauft und eine Brüdergemeinde nach dem Vorbild der ersten Christen gebildet. Korntal erhielt ein besonderes religiöses Privilegium. Es unterstand nicht der evangelischen Landeskirche, konnte Prediger und Lehrer frei bestimmen und das Evangelium durfte durch nicht ordinierte Gemeindemitglieder verkündet werden.

3.   Urbarmachung von Land als Hintergrund für die Entstehung von Wilhelmsdorf

Korntal war jedoch bald zu klein und so bat Hoffmann die Regierung um die Erlaubnis, ähnliche Gemeinden mit Korntaler Privilegien anlegen zu dürfen.

Dies wurde stets abgelehnt und 1822 prinzipiell erklärt, dass „überhaupt eine weitere Ausbreitung dieses Cultus nicht zu gestatten sei, es wäre denn, daß Kornthal mit der Anlegung einer neuen Colonie zugleich einen gemeinnützigen national-wirthschaftlichen Zweck verbinden und etwa in Oberschwaben die Abtrocknung einer sumpfigen Fläche oder die Urbarmachung eines noch nicht zur Kultur gebrachten Distrikts dabei zur Ausführung bringen wollte" (Thumm, S. 6).

Hierbei muss man einen Blick auf die Hintergründe werfen. König Wilhelm I. war ein großer Förderer der Landwirtschaft und wollte die sumpfigen Flächen Oberschwabens nutzbar machen, die nahe der badischen Grenze lagen. Dafür hatte er sich einen Entwässerungs-plan entwerfen lassen. Eine dieser Flächen war ein Bestandteil des Pfrungener Riedes, nämlich das Lengenweiler Moosried, das nach dem angrenzenden Ort Lengenweiler benannt war. Die Hofdomänenkammer, die Eigentümerin der Fläche war, hatte diese Fläche schon mehrmals den angrenzenden Gemeinden angeboten. Diese waren aber Kenner der Szene und lehnten ab. Deshalb kam der König nun auf die Idee, sie Korntal anzubieten.

4. Die Gründung von Wilhelmsdorf

Die Korntaler Brüdergemeinde, die sich nun in einem gewissen Zugzwang befand, wollte das Angebot des Königs hingegen nicht ablehnen. Man ging von der Gewährung gleicher Prinzipien wie für Korntal aus, außerdem wollte man den König nicht verprellen und auch den Gegenbeweis antreten, dass Pietisten faule Leute seien.

Es war aber hauptsächlich Notar Hoffmann, der dies mit seinem grenzenlosen Optimismus durchsetzte, entgegen einem auch in Korntal bekannten königlichen Gutachten. Dies lautete alles andere als günstig. Zwar sei die

Kultivierung durchaus möglich, aber höchst unrentabel. Sie würde 10 bis 15 Jahre dauern und die Kosten aus dieser Fläche Getreideland zu schaffen, lägen zwei- dreimal so hoch wie der Preis für gutes Ackerland. Der Gutachter folgerte daraus, dass dies sei nur etwas für Leute wäre, die zu dieser Kultivierung gezwungen seien.

Die Fläche war 10 Jahre lang abgabenfrei und falls danach die Kultivierung gelungen sein sollte, konnte sie zu 10 Gulden für den Morgen von Korntal angekauft werden, ansonsten fiel sie ohne Entschädigung an den bisherigen Eigentümer zurück. Am 8. Januar 1824 wurde mit eben diesen Kultivierungs-arbeiten begonnen. Nach dem Namen des Königs wurde die entstehende Siedlung Wilhelmsdorf genannt.

Das Gelände umfasste 564 Morgen (1 Morgen entspricht ca. 30 Ar), davon waren 58 Morgen Wald. 18 Morgen waren sogar Tannenwald. Er befand sich auf einer Anhöhe und war der Ort mit dem festesten Untergrund. Daher wurde er abgeholzt und an seiner Stelle Häuser errichtet. Die Straßen und Häuser wurden nach einem ganz bestimmten, streng regelmäßigen Grund-riss erbaut. Sichtbarer Mittelpunkt des Dorfes sollte die Kirche bilden; um sie herum ein freier Platz. Die Zufahrtsstraßen sollten von der Kirche aus in die vier Himmelsrichtungen ausgehen und somit der gesamte Grundriss von Wilhelmsdorf die Form eines Kreuzes erhalten, was man heute durchaus erkennen kann.

Die Häuser waren einfach, gleich hoch und gleich ausgestattet. Diese Bauweise entsprach sowohl der 1836 erwarteten Wiederkunft des Herrn als auch dem Kommunitätsgedanken der Brüdergemeinde, wie zunächst auch niemand einen persönlichen Anteil an der Fläche besaß.

5.   Verschiedene Anfangsschwierigkeiten

Die entstehende Siedlung, die zwar politisch zu der benachbarten Gemeinde Esenhausen gehörte, aber ansonsten zu Korntal, hatte mit verschiedenen Schwierigkeiten zu kämpfen. Inmitten einer rein katholischen Gegend war es nicht leicht, Kontakte zu der Umgebung zu knüpfen. Auch wollte niemand an sie etwas verkaufen. Zugleich wird aber in den Pfarrchroniken deren Ausdauer gelobt. Es kursierten die verschiedensten Gerüchte über ihre religiösen Gebräuche, es wurde sogar behauptet, es würde sich bei ihnen um Staatsverbrecher handeln, denn wer sonst würde sich in das Sibirien Württembergs begeben. Dies legte sich jedoch mit der Zeit, nicht zuletzt auch deshalb, weil der König in den ersten Jahren dreimal einen Besuch abstattete.

Trotz des vielen Wassers hatte man bis 1825 kein gutes Trinkwasser, bis man dann die Erlaubnis erhielt, im Großherzogtum Baden eine Quelle zu fassen und nach Wilhelmsdorf zu leiten.

Die Hauptschwierigkeit war jedoch der Boden. Zum geringen Teil wurde er mit gutem Boden durchmischt, größtenteils die Moorschicht abgebrannt und wegen Salpeterarmut stark gedüngt. 1826 wurde der Boden erstmals bepflanzt. Doch dieser Versuch misslang, mit Ausnahme derjenigen Stellen, wo festerer Grund vorhanden war. Trotz solcher schlechten Erfolgsaussichten wurde 1828 in der Mitte des Dorfes der Betsaal errichtet. Diese Kirche spiegelt den baulichen Grundgedanken von Wilhelmsdorf nochmals wider, indem in Richtung der vier Straßen dem quadratischen Kernbau vier höhere Risalite vorgelagert sind.

Der Boden gab auch in der Folgezeit nur mäßige Erträge ab. Man half sich damit über die Runden, dass man ab 1833 auf Esenhauser Gemarkung für die Landwirtschaft gut brauchbare Grundstücke kaufte. Dies alles brachte

Wilhelmsdorf in totale Verschuldung. Korntal musste immer wieder die Bürgschaft übernehmen und namhafte Summen nach Wilhelmsdorf fließen lassen. Als es so nicht weitergehen konnte, ging man in den 40-iger Jahren des 19. Jahrhunderts an eine konsequente Tilgung der Schulden heran. Zum einen wurde vom König immer wieder Nachlass gewährt. Ferner brachte man ein Predigtbuch heraus und gab Aktien aus. Der Großteil wurde jedoch durch Sammlung in den pietistischen Gemeinden erbracht, die über 100.000 Gulden ergab. Wilhelmsdorf war eben auch eine Prestigesache. Mit der Schuldentilgung ging eine Aufteilung des Besitzes einher.

6. Die Entstehung zahlreicher sozial-karitativer Einrichtungen

Im Jahr 1850 hatte Wilhelmsdorf 50 Bürgerfamilien aufzuweisen. Der Ort wurde von Korntal wie von Esenhausen unabhängig und war nun eine selbständige Gemeinde.

Die weitere, günstigere Entwicklung Wilhelmsdorfs basierte auf zwei völlig verschiedenen Grundlagen: dem Gewerbe und den sozial-karitativen Einrichtungen. Da der Boden nicht allzu viel hergab, bemühte man sich früh um den Ausbau der Gewerbebetriebe. Im Jahr 1875 fand man dort schon 38 verschiedene Gewerbe in 54 Betrieben vor, zu einer Zeit als Wilhelmsdorf etwa 600 Einwohner zählte. Um die Jahrhundertwende vom 19. zum 20. Jahrhundert machten bei etwa 1.000 Einwohnern Handel und Gewerbe schon die Hälfte aus.

Bereits in der Entstehungsphase kam es zu dem, was den Ruf Wilhelmsdorf ausmacht: zur Gründung und Ausbau von Schulen und Heimen. 1830 wurde nach Korntaler Muster ein so genanntes Rettungshaus, ein Heim für Waisenkinder errichtet. Gründer Hoffmann hatte auf dem benachbarten Lindenhof eine Anstalt für strafentlassene Frauen und eine Säuglingskrippe geschaffen,

die beide jedoch nur kurze Zeit bestanden. 1830 gründete der nach Wilhelmsdorf gekommene Taubstummenlehrer Oßwald eine Taubstummenanstalt. 1855
errichtete der Schullehrer Thumm ein Töchterinstitut und zwei Jahre später
ein Knabeninstitut. Nach Johannes Ziegler, der 1864 ebenfalls als Lehrer
nach Wilhelmsdorf kam und sich sehr um diese Einrichtungen bemühte,
wurden diese in der Folgezeit Ziegler'sche Anstalten genannt.

Durch diese Einrichtungen bekamen die Handwerker Arbeit und das Interesse
der näheren und der weiteren Umgebung wurde auf diese diakonische Arbeit
gezogen.

7.   Wilhelmsdorf nach der Gemeindereform

Das Jahr 1973 war die Geburtsstunde der neuen Gemeinde Wilhelmsdorf. Im
Zuge der Gemeindereform haben sich die über 1.000 Jahre alten Gemeinden
Esenhausen, Pfrungen und Zußdorf zu einer neuen Gemeinde Wilhelmsdorf
zusammengeschlossen, wozu noch die badischen Ortschaften Höhreute,
Tafern und Niederweiler hinzukamen. Aus einer vorher nur 200 Hektar
kleinen Gemeinde wurde nun eine Flächengemeinde von 3.800 Hektar.
Insgesamt waren es nun etwa 4.000 Einwohner, davon entfielen auf
Wilhelmsdorf-Ort etwa 2.300, wovon fast 1.000 Personen in Heimen
wohnten. Konfessionell hielten sich katholische und evangelische Einwohner
fast die Waage.

Während in den eingegliederten Gemeinden noch weitgehend die Landwirtschaft die Haupteinnahmequelle bildete, blieb Wilhelmsdorf selbst -
abgesehen von etwas Textil- und Metallindustrie - weitgehend Schul- und
Dienstleistungszentrum. Wilhelmsdorf-Ort hat eine Grund- und Hauptschule,
eine Realschule, ein Progymnasium mit privater Oberstufe, eine Sonder-
schule, eine Gehörlosenschule sowie eine Schule für Wirtschafterinnen und

Arbeitstherapeuten. Die Schulen sind meistens mit Internaten verbunden, was für Wilhelmsdorf prägend und typisch ist.

Darüber hinaus bilden die Werke der evangelischen Diakonie den Schwerpunkt, vor allem bei den Beschäftigtenzahlen. So ist besonders das Kinderheim Hoffmannhaus zu nennen, sowie die schon erwähnten Ziegler'schen Anstalten, die den Bereich der Hör- und Sprachbehinderten, die Pflege von Schwer- und Mehrfachbehinderten und die Behandlung von Suchtkranken umfassen.

8. Literaturhinweise

Beschreibung des Oberamtes Ravensburg, hrsg. von H. Memminger, Stuttgart und Tübingen 1836.

Beschreibung des Kreises Ravensburg, hrsg. von 0. Sailer, Stuttgart und Aalen 1976.

Kapff, M. S., Kornthal und Wilhelmsdorf. Ihre Geschichte, Einrichtung und Erziehungsanstalten, Korntal 1839.

Das Königreich Württemberg, hrsg. vom Statistischen Landesamt, Bd. 4, Stuttgart 1907.

Kübler, Gottlieb Wilhelm Hoffmann, Der Gründer Korntals und Wilhelmsdorf, Reutlingen 1947.

Steimle, T., Die wirtschaftliche und soziale Entwicklung der Brüdergemeinden Korntal und Wilhelmsdorf, Korntal 1929.

Thumm, W. F., Durch tiefe Wasser. Geschichte der Gemeinde Wilhelmsdorf, Basel 1875.

Topographische Karte 1: 25.000 (Nr. 8122 Wilhelmsdorf), hrsg. vom Landesvermessungsamt von Baden-Württemberg,

Wilhelmsdorf 1824-1974, hrsg. von der Evangelischen Brüdergemeinde Wilhelmsdorf (H. Gutbrod), Ravensburg 1974.

Ziegler, J., Wilhelmsdorf. Ein Königskind, Stuttgart und Eberfeld 1924.